Einstern

Mathematik für Grundschulkinder

1

Themenheft 1

Grunderfahrungen

Erarbeitet von
Roland Bauer
Jutta Maurach

In Zusammenarbeit
mit der
Cornelsen Redaktion
Grundschule

Cornelsen

Inhaltsverzeichnis

Pflichtseiten

Wahlseiten

Handlungshinweis

besprechen mit einem Partner

besprechen in der Gruppe
Weitere Hinweise für die Lehrkraft befinden sich auf der hinteren (inneren) Umschlagseite.

Aufgaben mit unterschiedlichen Anforderungsniveaus:

- ① ausrechnen, ausführen, wiedergeben
- ① erkennen, fortsetzen, anwenden
- ① Lösungswege selbst entwickeln, darstellen, begründen und übertragen

☐ Feld zum Markieren erledigter Aufgaben

… und ich helfe dir:

schreiben

denken

einkreisen

erkennen

Notruf
Polizei 110
Feuerwehr 112
1b
104
6. Sep.
September
Ole
Tim
Lea

1	2	3	4						

* erkennen, dass gleiche Anzahlen auf unterschiedliche Weise dargestellt werden können
* wechseln zwischen Anzahldarstellungen

Die Zahlen bis 10 (2)

10

9

8

7

6

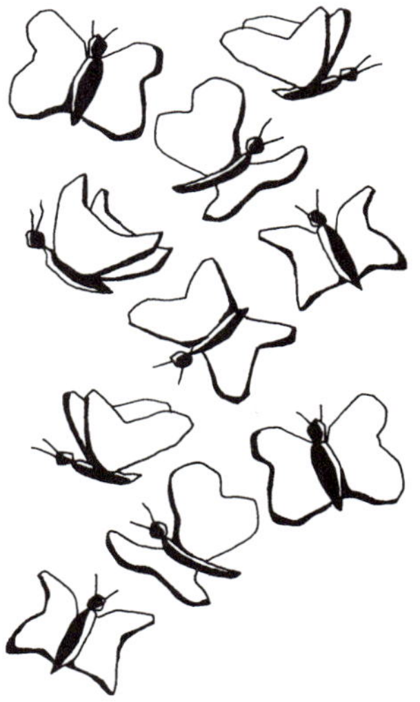

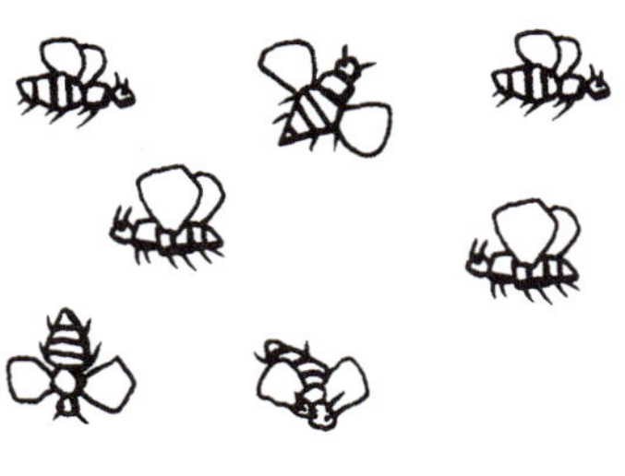

Dinge zählen

1

2

	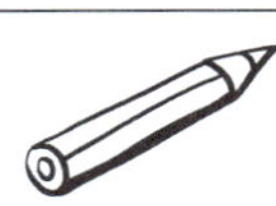				
I					

* erproben verschiedene Zählstrategien
* bestimmen Anzahlen durch 1:1-Zuordnungen
* nutzen verschiedene Notationsformen zur Anzahldarstellung

Strichliste und Würfelbild zuordnen

1

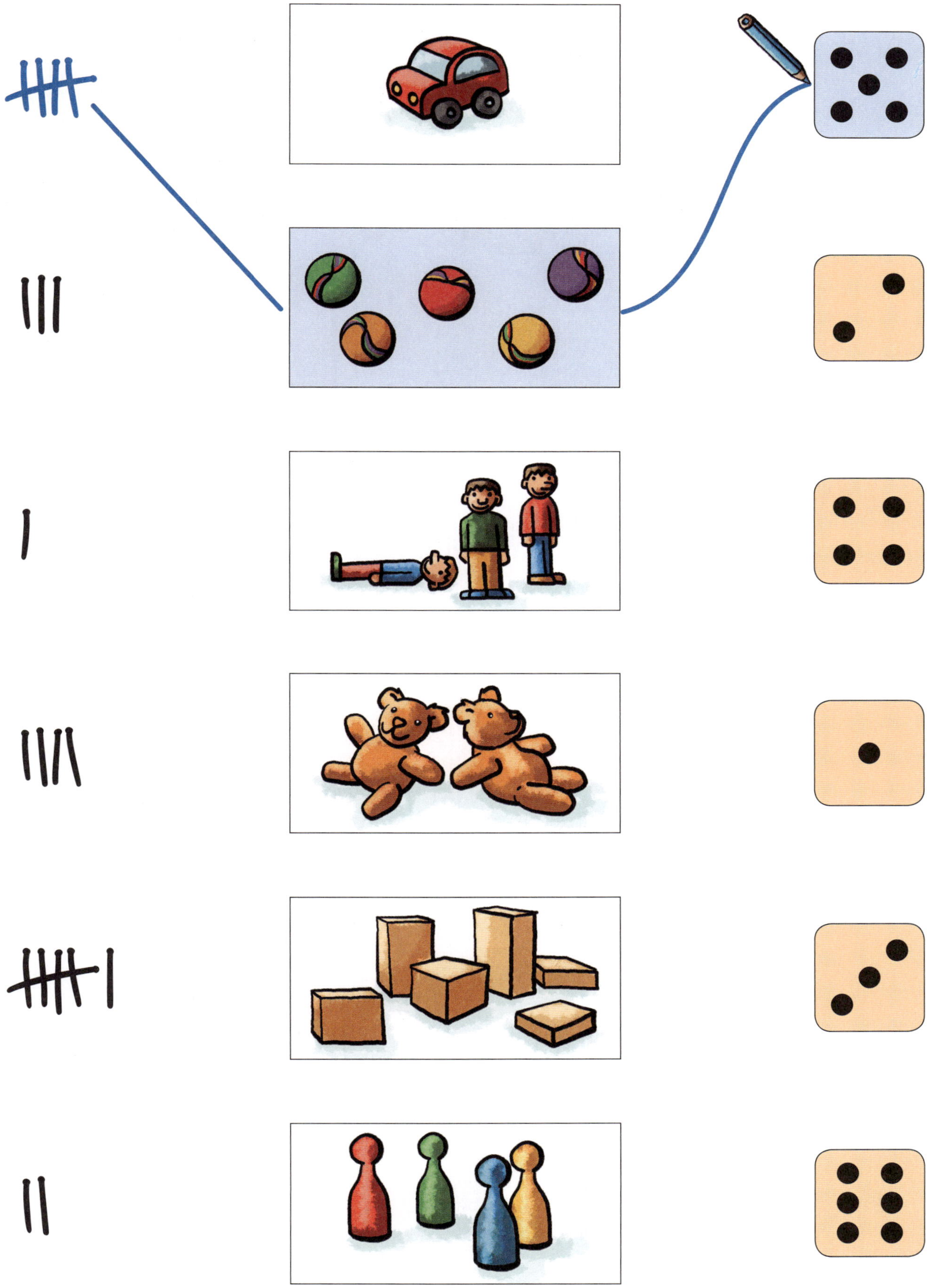

⋆ erkennen, dass gleiche Anzahlen auf unterschiedliche Weise dargestellt werden können
⋆ wenden das Bündelungsprinzip bei der Darstellung in Strichlisten an

Zahlen zuordnen

1

2

* wechseln zwischen Anzahldarstellungen und erläutern Gemeinsamkeiten und Unterschiede
* erkennen, dass gleiche Anzahlen mit unterschiedlichen Gegenständen dargestellt werden können
* nutzen die gleiche Mächtigkeit als gemeinsame Eigenschaft unterschiedlicher Mengen

1

6 4 5

7 8 9

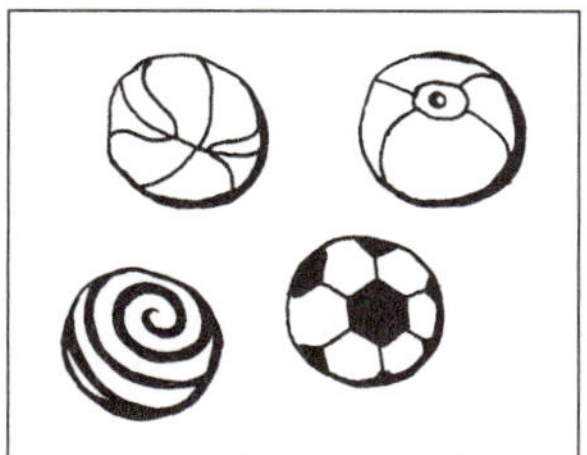
6 3 4

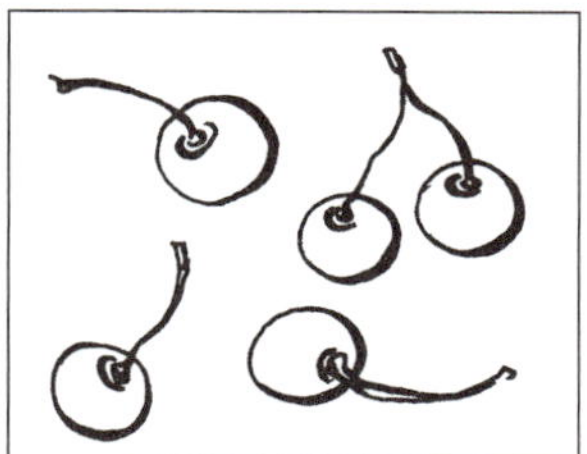
5 6 3

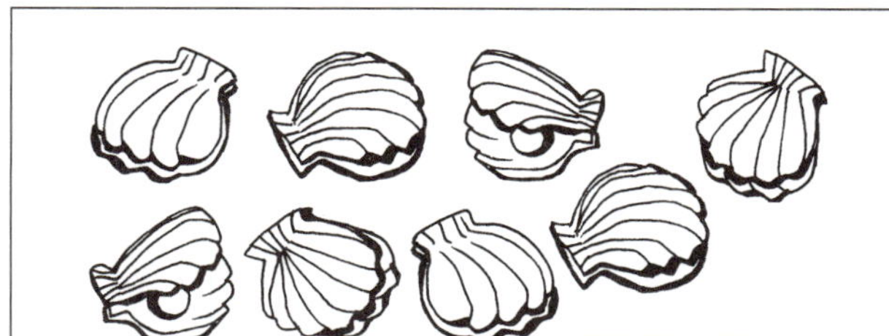
6 8 4

2

1 6 4

3 6 5

5 9 10

2 1 3

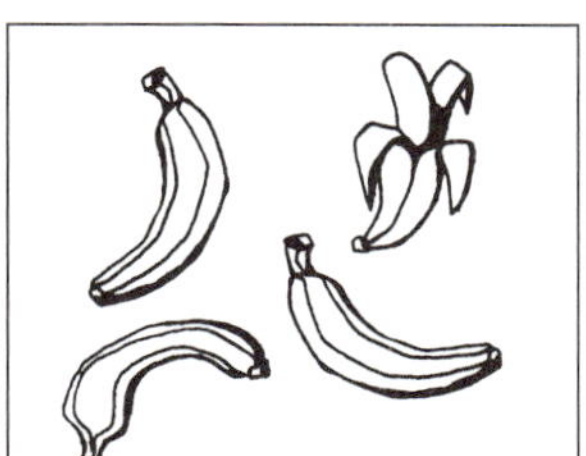
6 4 5

3 9 7

3

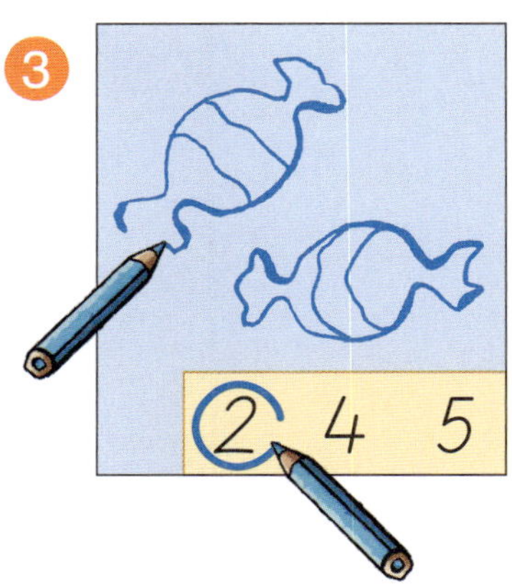
2 4 5

3 1 7

2 5 10

Passende Anzahl ausmalen und selbst malen

1
5
7
10
4
8
6

2
5
3
9

* wählen zwischen verschiedenen Darstellungen aus und nutzen diese
* übertragen eine durch eine Zahl vorgegebene Anzahl in eine bildliche Darstellung

1

2

2

4

5

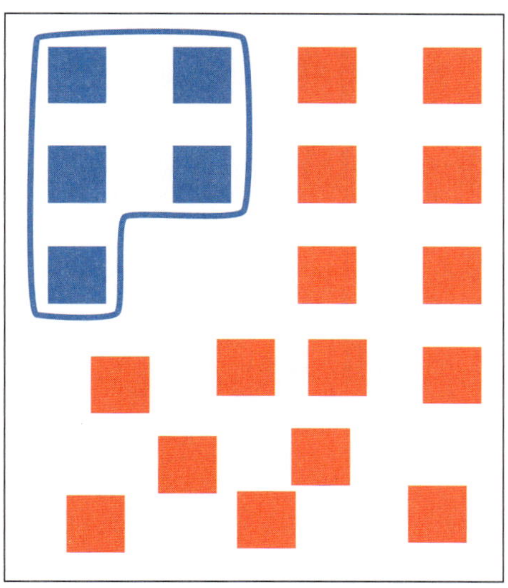

6

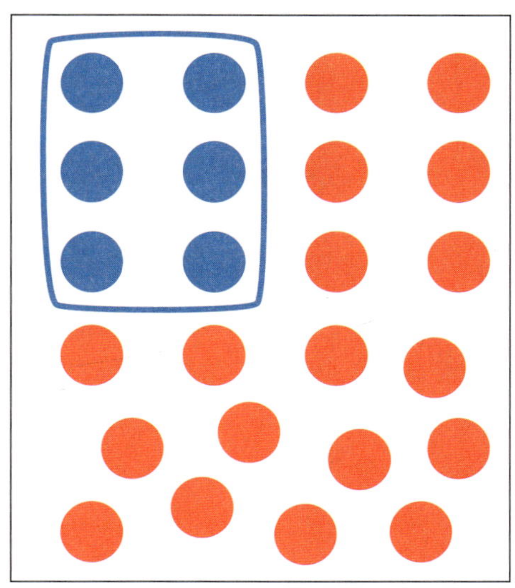

8

★ bündeln auf unterschiedliche Weise nach vorgegebenen Anzahlen
★ probieren zunehmend systematisch und nutzen die Einsicht in Zusammenhänge
★ erkennen und nutzen Strukturen bei der Darstellung von Anzahlen

Punktebilder finden

1

4

2

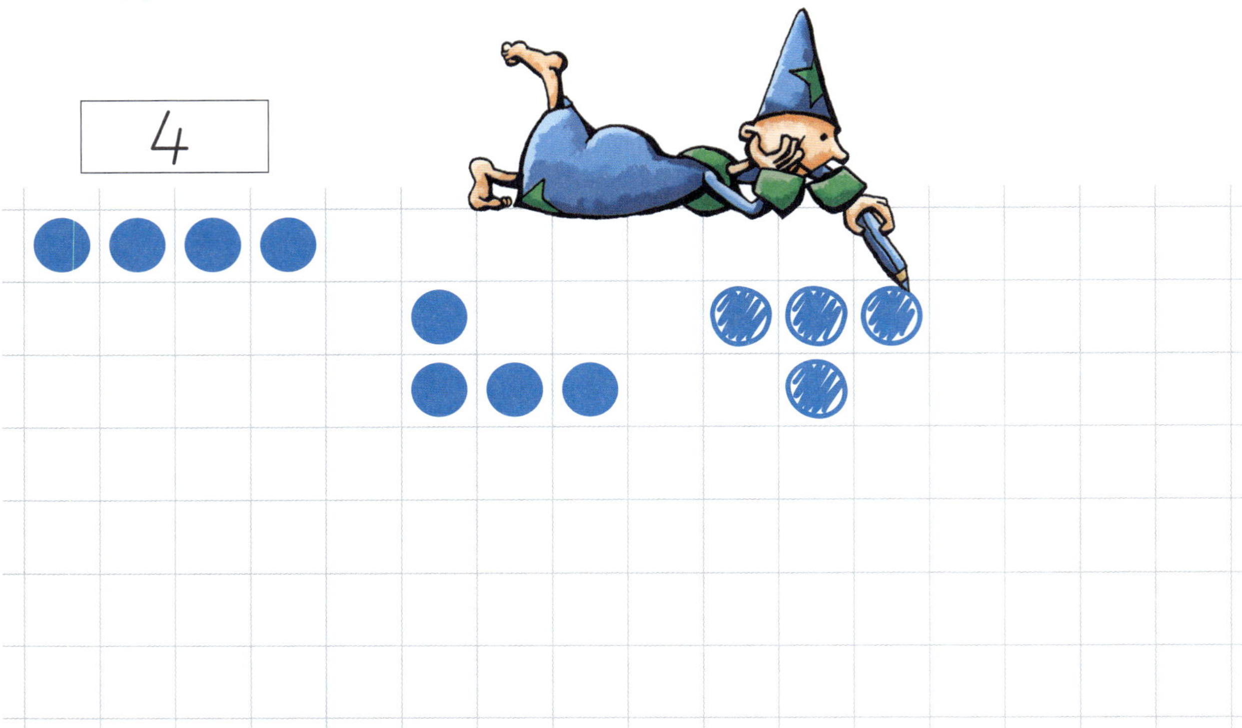

6

* stellen gleiche Anzahlen in unterschiedlichen Punktebildern dar
* suchen zunehmend systematisch und zielorientiert nach allen möglichen Punktebildern

1 schreiben

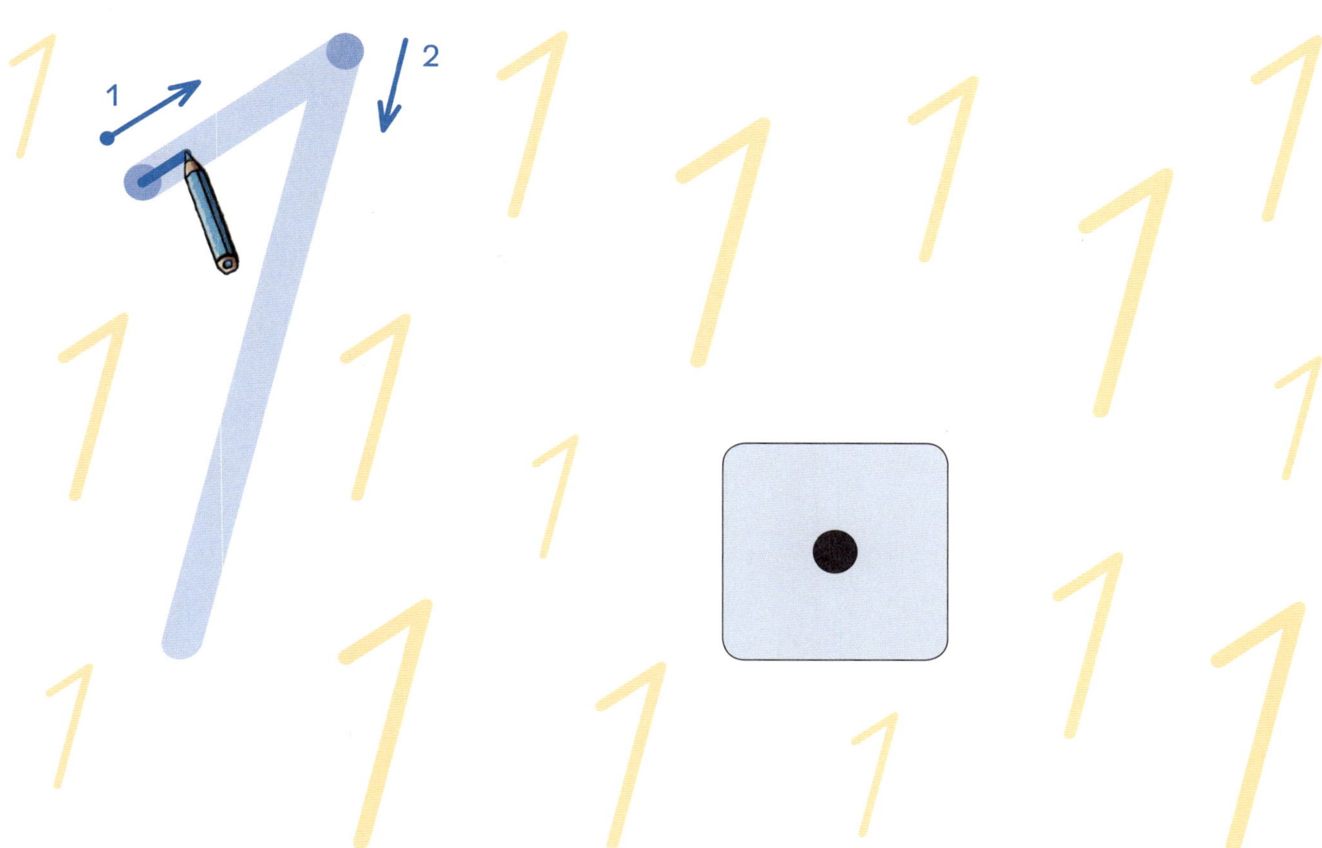

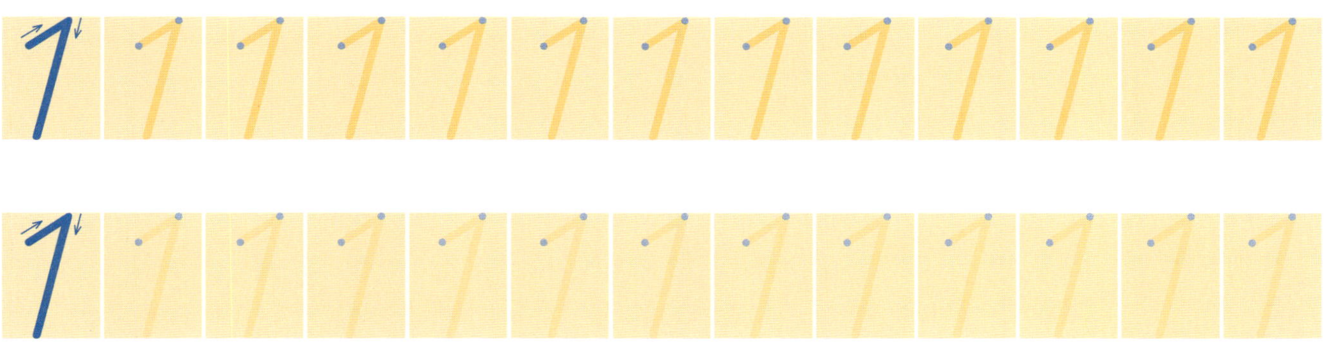

* erkennen den Schreibablauf beim Schreiben einer Ziffer und vollziehen ihn richtig nach
* übertragen den Schreibablauf auf eine andere Handlungsform

2 schreiben

★ erkennen den Schreibablauf beim Schreiben einer Ziffer und vollziehen ihn richtig nach
★ übertragen den Schreibablauf auf eine andere Handlungsform

3 schreiben

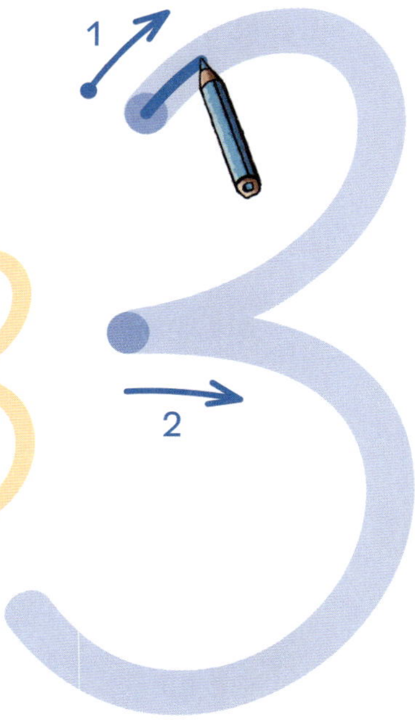

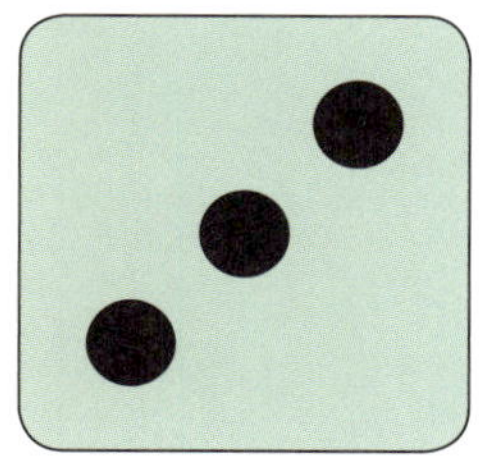

★ erkennen den Schreibablauf beim Schreiben einer Ziffer und vollziehen ihn richtig nach
★ übertragen den Schreibablauf auf eine andere Handlungsform

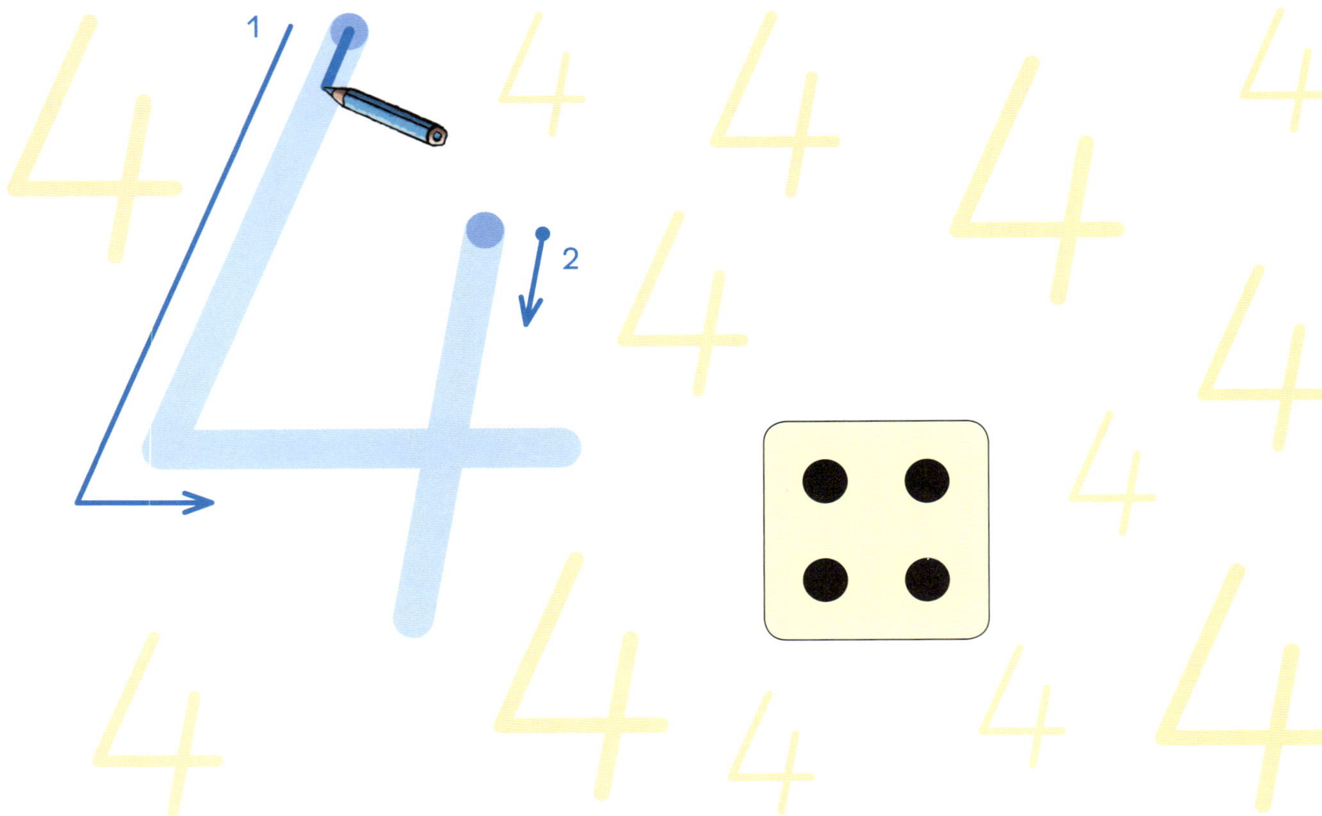

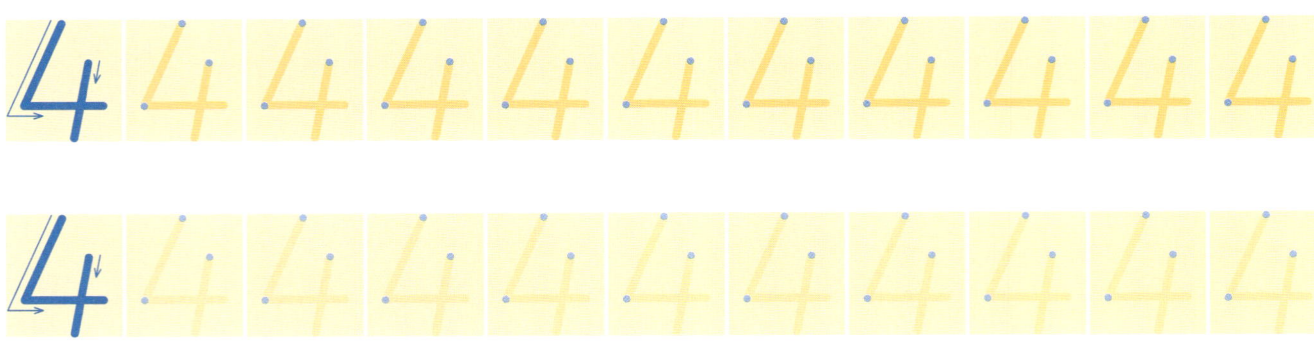

* erkennen den Schreibablauf beim Schreiben einer Ziffer und vollziehen ihn richtig nach
* übertragen den Schreibablauf auf eine andere Handlungsform

1
2
3

6 schreiben

* erkennen den Schreibablauf beim Schreiben einer Ziffer und vollziehen ihn richtig nach
* übertragen den Schreibablauf auf eine andere Handlungsform

7 schreiben

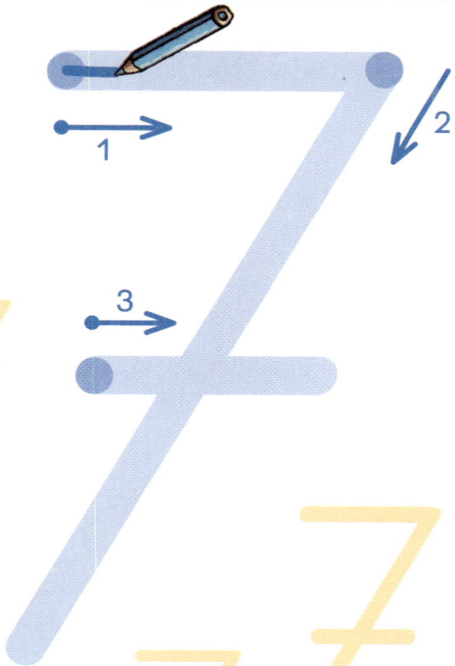

8 schreiben

* erkennen den Schreibablauf beim Schreiben einer Ziffer und vollziehen ihn richtig nach
* übertragen den Schreibablauf auf eine andere Handlungsform

9 schreiben

★ erkennen den Schreibablauf beim Schreiben einer Ziffer und vollziehen ihn richtig nach
★ übertragen den Schreibablauf auf eine andere Handlungsform

1

2

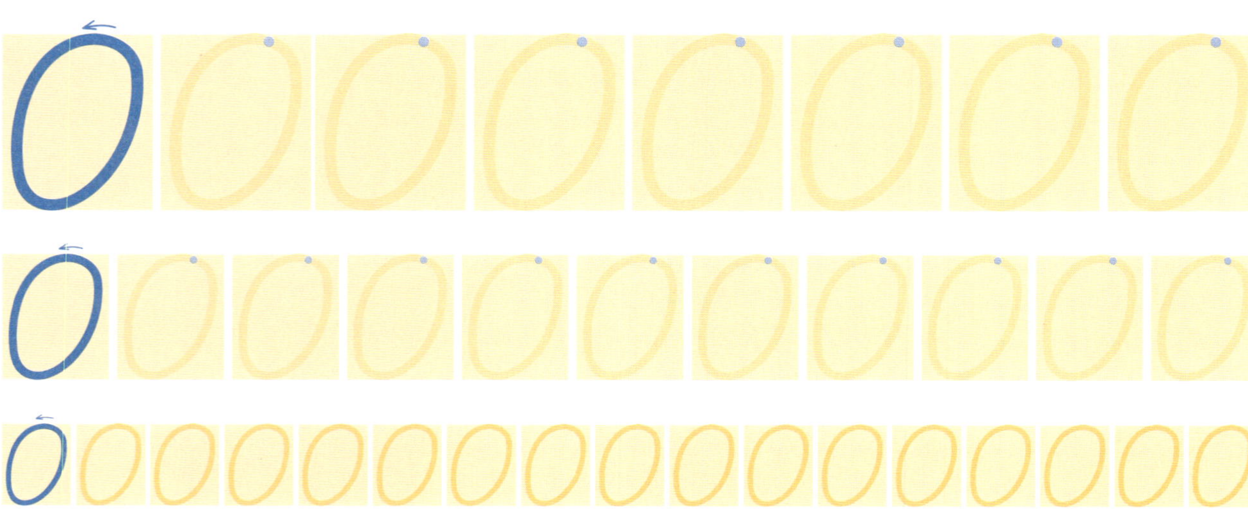

* entnehmen Darstellungen der Lebenswirklichkeit relevante Informationen und übersetzen diese in die Sprache der Mathematik
* erkennen den Schreibablauf beim Schreiben einer Ziffer und vollziehen ihn richtig nach
* übertragen den Schreibablauf auf eine andere Handlungsform

Mit Fingern Zahlen darstellen und erkennen

1

2

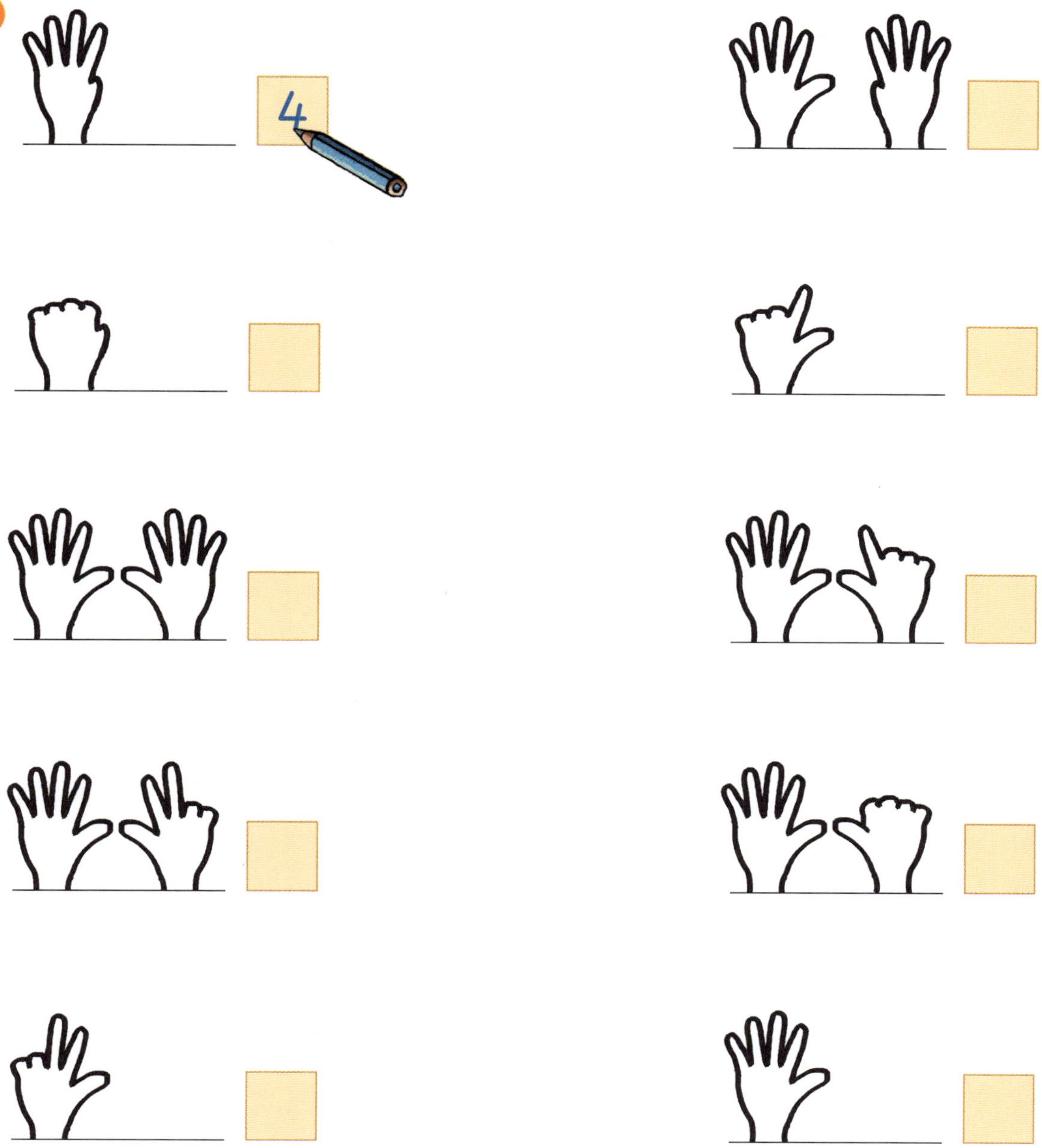

Richtige Reihenfolge finden und anmalen

1

2

3

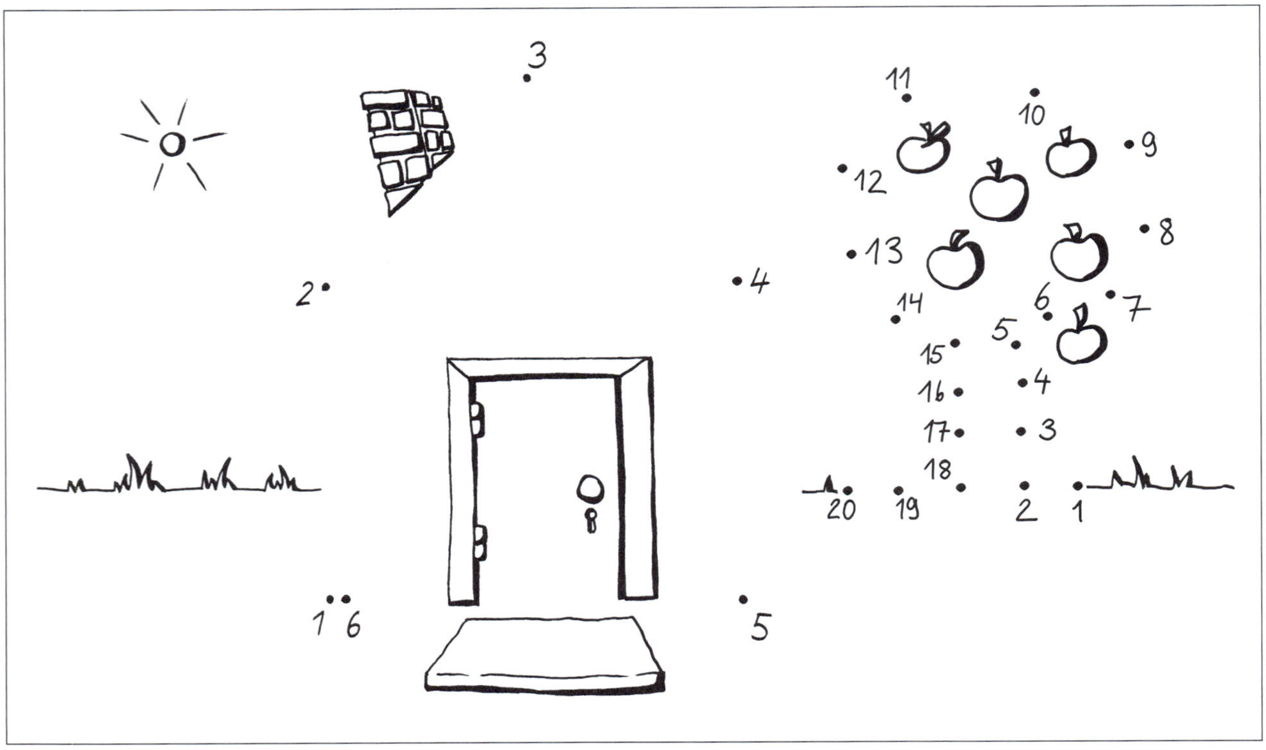

* entnehmen Darstellungen der Lebenswirklichkeit für die Lösung relevante Informationen und übertragen ihre Vorgehensweise auf ähnliche Sachverhalte
* orientieren sich im Zahlenraum bis 20 durch Ordnen der Zahlenfolge

Fehlende Zahlen einsetzen

1

2

1	2		4								
4			7			2		4			
0							3			6	
1			4			7	8	9	10	11	12
	5		7	8	9	10					
2				6	7	8	9	10			
		3			6	7					

3

* orientieren sich im Zahlenraum bis 20 durch Ordnen und Ergänzen von Zahlfolgen
* wenden bereits vorhandene mathematische Kenntnisse, Fähigkeiten und Fertigkeiten an

Nachbarzahlen finden

1

2

1	2	3	3	4			3		0		
		6			3			6			5
	5		4					2	4		6

3

2				7				5		5	
	2		3		5	8		10	6		8
		5		9				9	4	5	

4

* entdecken und begründen Beziehungen zwischen Zahlen (Nachbarzahlen, Vorgänger und Nachfolger)
* wenden bereits vorhandene mathematische Kenntnisse, Fähigkeiten und Fertigkeiten an

Reihenfolge aufschreiben

1

2

3

4

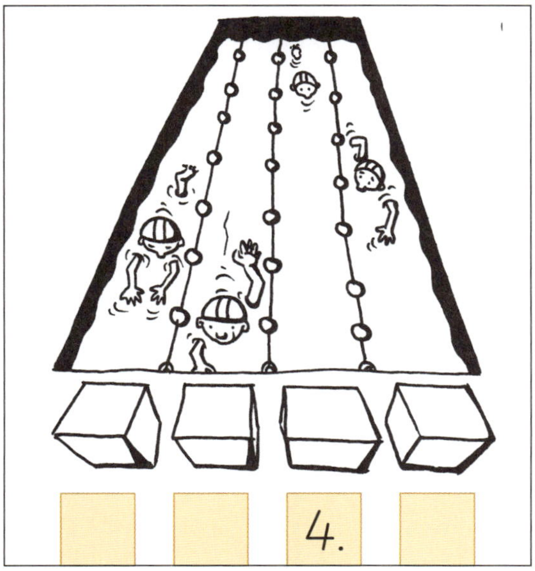

⋆ übersetzen Informationen in die Sprache der Mathematik (Ordnungszahlen)
⋆ nutzen Ordnungszahlen zur Beschreibung eines zeitlichen Ablaufs von Vorgängen

Reihenfolge erkennen

1

2

* übersetzen Informationen in die Sprache der Mathematik (Ordnungszahlen)
* nutzen Ordnungszahlen zur Beschreibung eines zeitlichen Ablaufs von Vorgängen

Zahlen zu Punktebildern schreiben

1

2

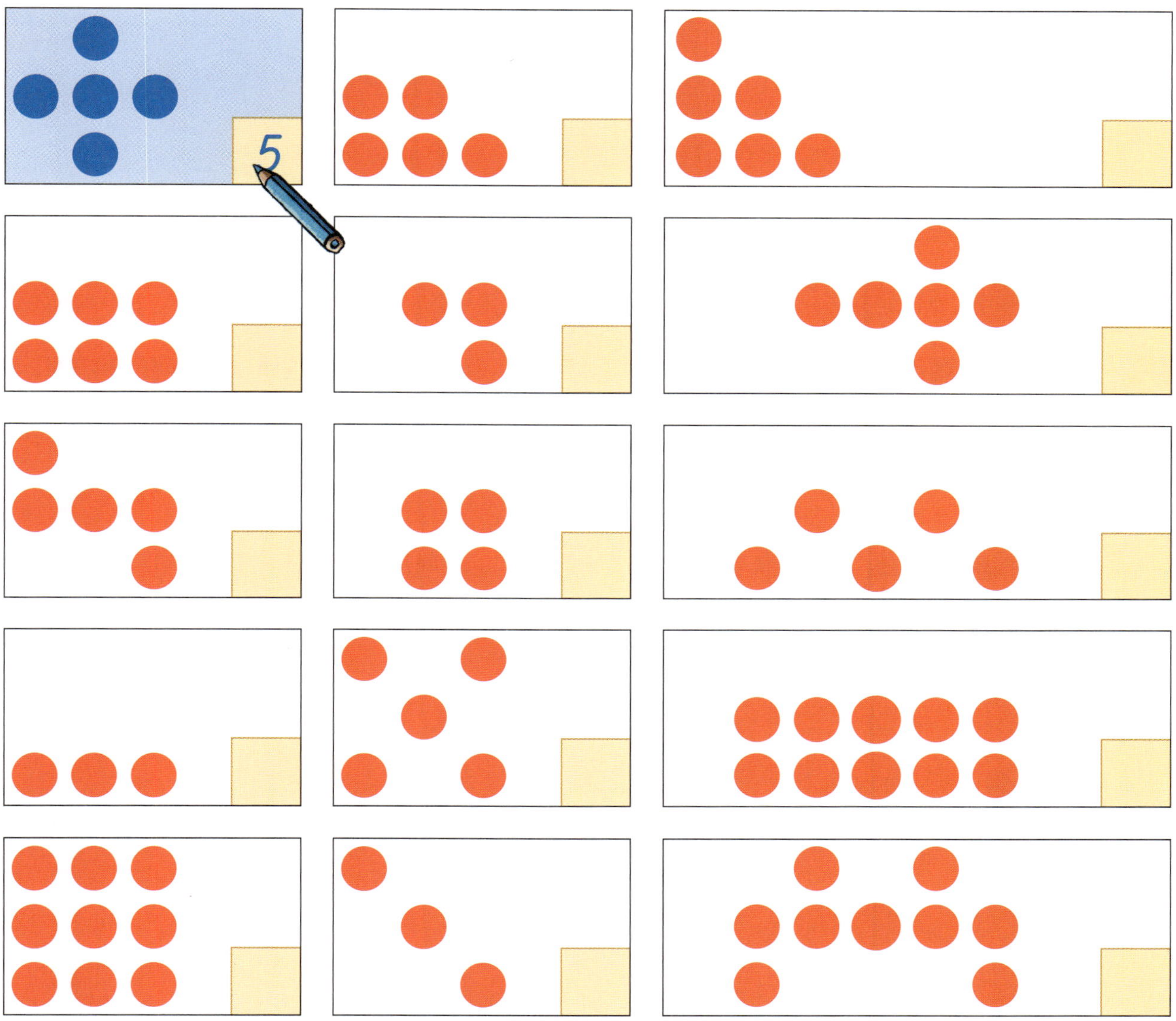

3

Zahlen zu strukturierten Punktebildern schreiben

1

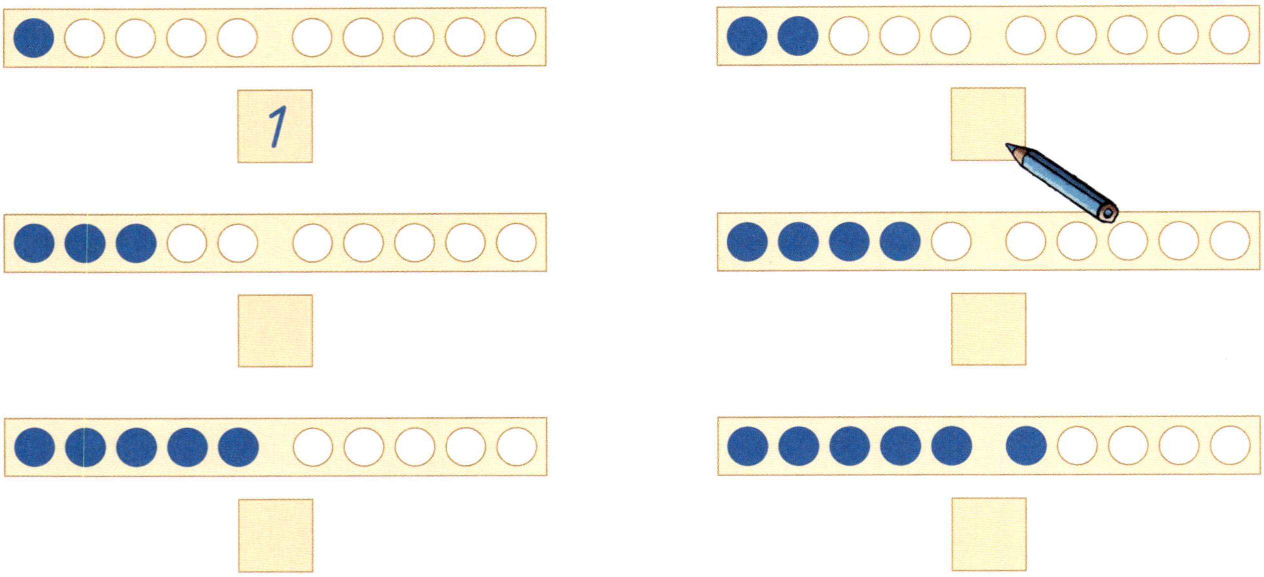

2

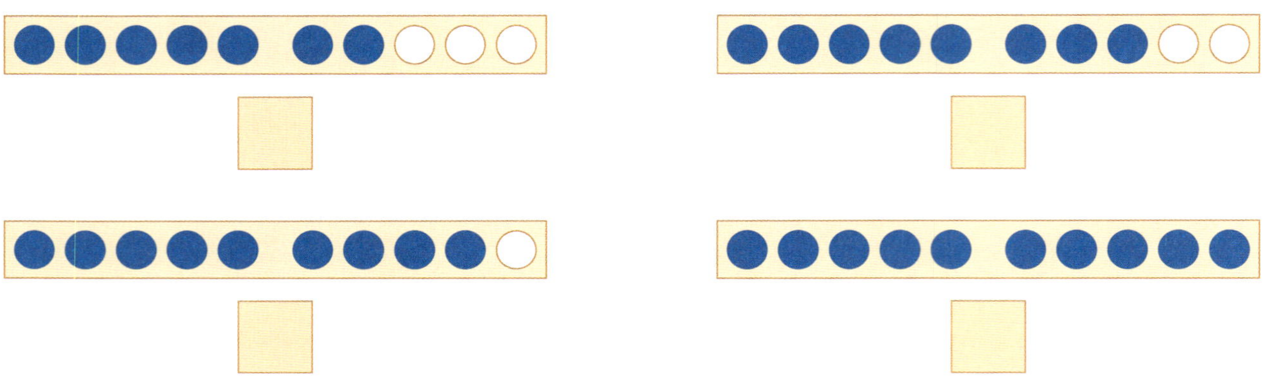

3

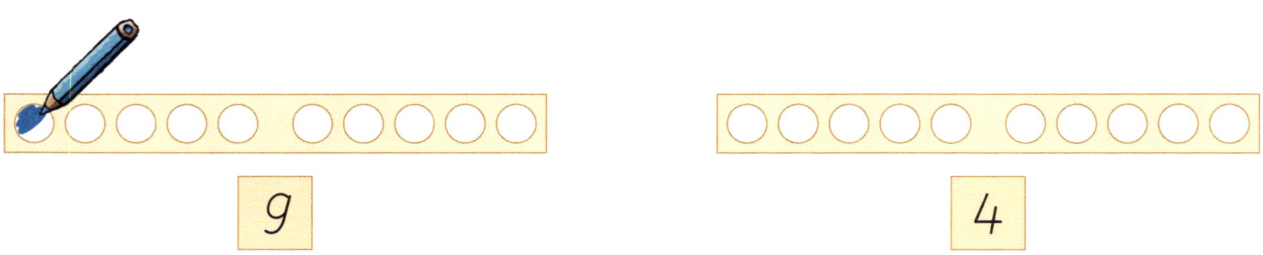

4

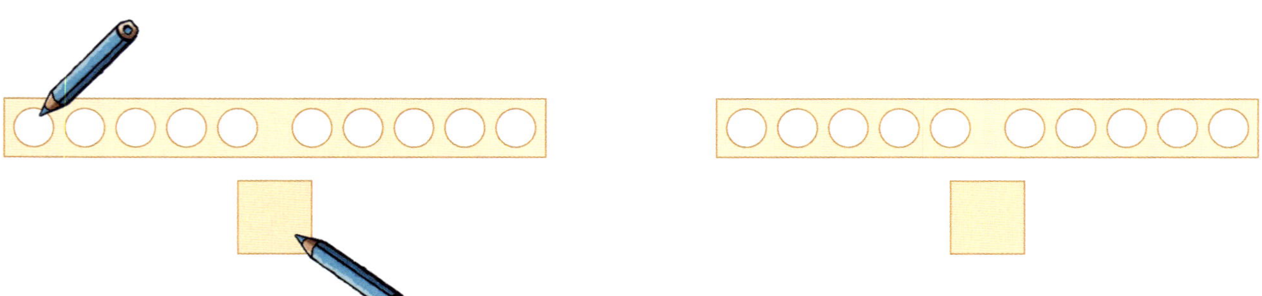

* nutzen strukturierte Zahldarstellungen (Fünferbündelung) zur schnellen Anzahlerkennung
* wenden bereits vorhandene mathematische Kenntnisse, Fähigkeiten und Fertigkeiten auf eigene Aufgabenstellungen an

1

2 (3)

0 und 3

1 und 2

2 und

3 und

3 (4)

0 + 4

1 + 3

2 +

3 +

4 +

⋆ übersetzen Informationen in die Sprache der Mathematik
⋆ führen Zahldarstellungen ineinander über
⋆ verwenden bei der Darstellung von Zahlzerlegungen geeignete mathematische Zeichen und Fachbegriffe

Zahlen zerlegen – 5 und 6

1 5

0 + 5

1 +

+

+

+

+

2 6

0 +

+

+

5

+

+

+

+

* wenden bereits vorhandene mathematische Kenntnisse, Fähigkeiten und Fertigkeiten an
* finden zunehmend systematisch und zielorientiert alle Zahlzerlegungen und erkennen dabei mathematische Zusammenhänge

Zahlen zerlegen – 7

1 7

0 + 7

1 + ☐

☐ + ☐

☐ + ☐

☐ + ☐

☐ + ☐

☐ + ☐

☐ + ☐

2

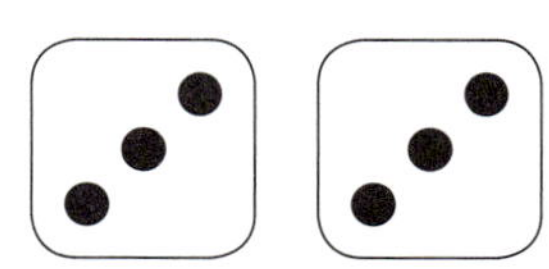

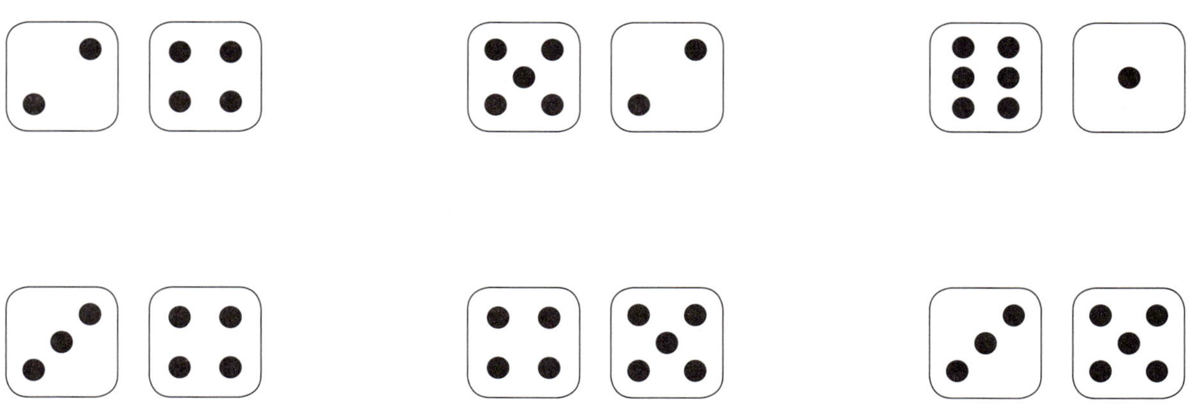

* wenden bereits vorhandene mathematische Kenntnisse, Fähigkeiten und Fertigkeiten an
* finden zunehmend systematisch und zielorientiert alle Zahlzerlegungen und erkennen dabei mathematische Zusammenhänge

Zahlen zerlegen – 8

1 8

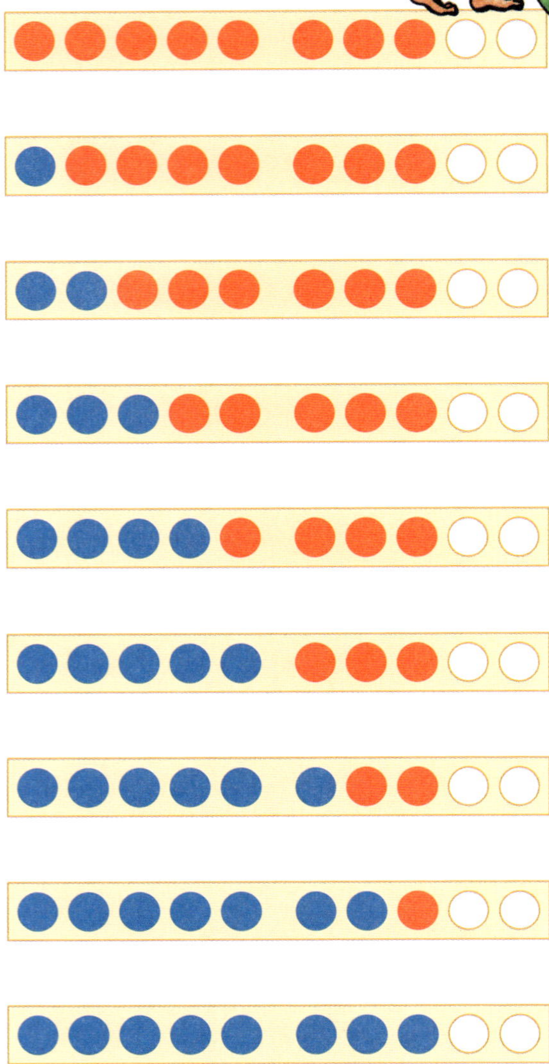

2 + 6
5 + 3
1 + 7
0 + 8
3 + 5
8 + 0
4 + 4
6 + 2
7 + 1

2 8

3 8

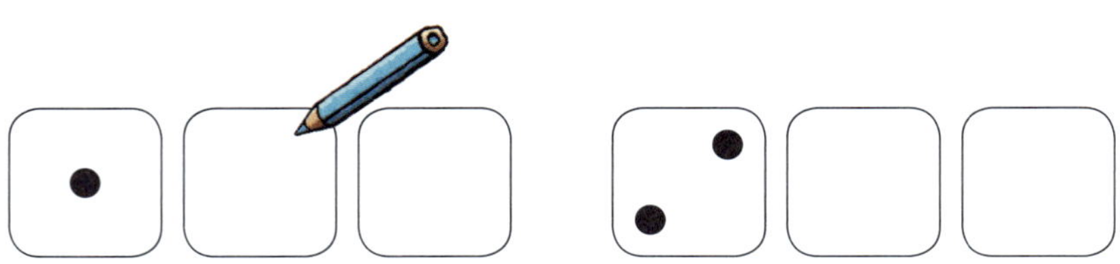

* wenden bereits vorhandene mathematische Kenntnisse, Fähigkeiten und Fertigkeiten an
* finden zunehmend systematisch und zielorientiert alle Zahlzerlegungen und erkennen dabei mathematische Zusammenhänge

1 *9*

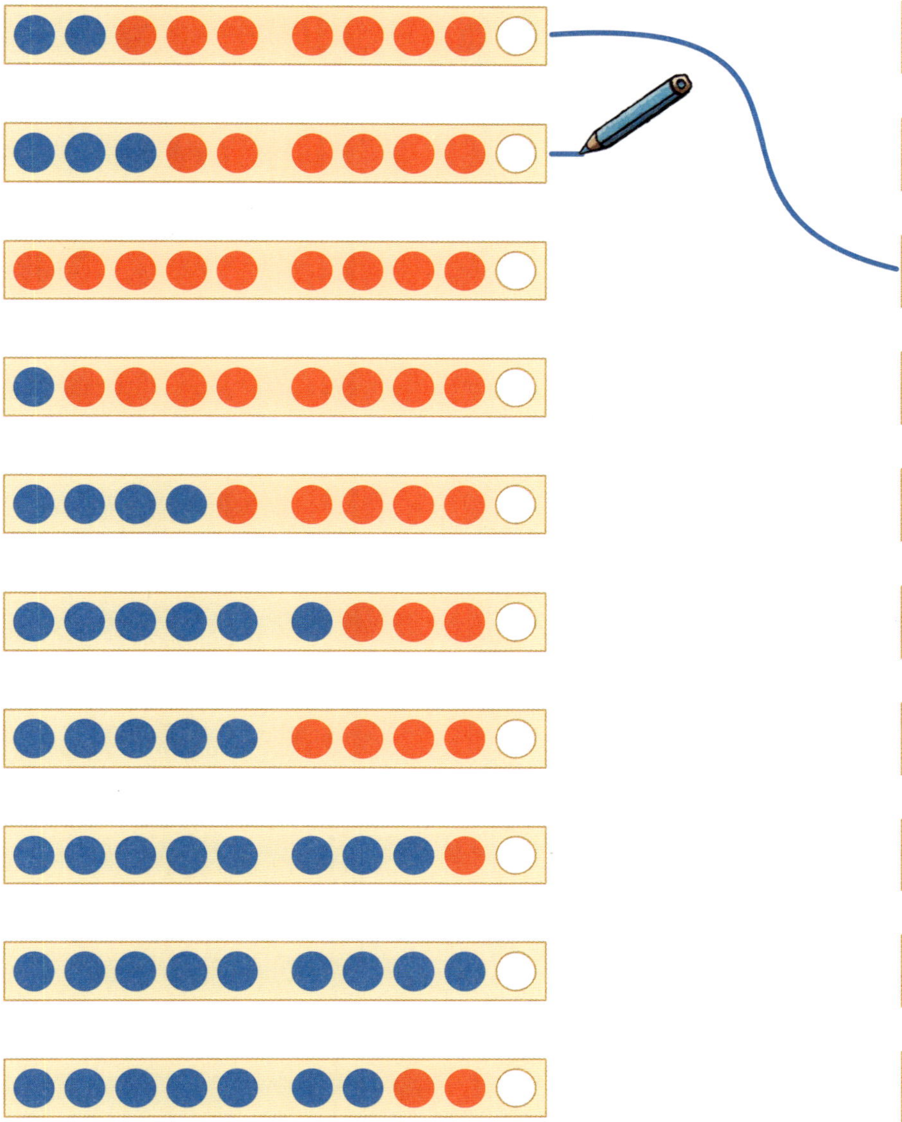

0 + 9
1 + 8
2 + 7
3 + 6
4 + 5
5 + 4
6 + 3
7 + 2
8 + 1
9 + 0

2 *9*

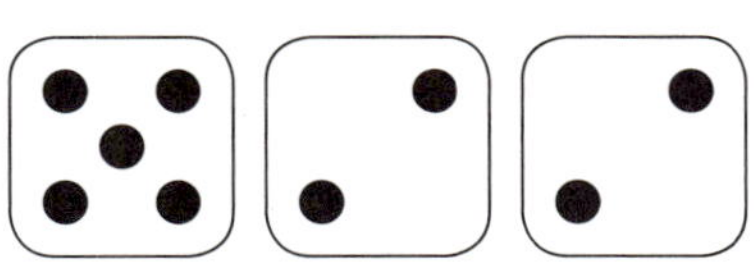

⋆ wenden bereits vorhandene mathematische Kenntnisse, Fähigkeiten und Fertigkeiten an
⋆ finden zunehmend systematisch und zielorientiert alle Zahlzerlegungen und erkennen dabei mathematische Zusammenhänge

Zahlen zerlegen – 10

1 (10)

0 + 10

1 +

+

+

+

+

+

+

+

+

+

* wenden bereits vorhandene mathematische Kenntnisse, Fähigkeiten und Fertigkeiten an
* finden zunehmend systematisch und zielorientiert alle Zahlzerlegungen und erkennen dabei mathematische Zusammenhänge

1

2

5 + ___ ___ + ___ ___ + ___

___ + ___ ___ + ___ ___ + ___

3

7 + 3 2 + ___ 9 + ___

5 + ___ 10 + ___ 4 + ___

1

2 ist kleiner als 4. 5 ist gleich 5. 7 ist größer als 3.

2

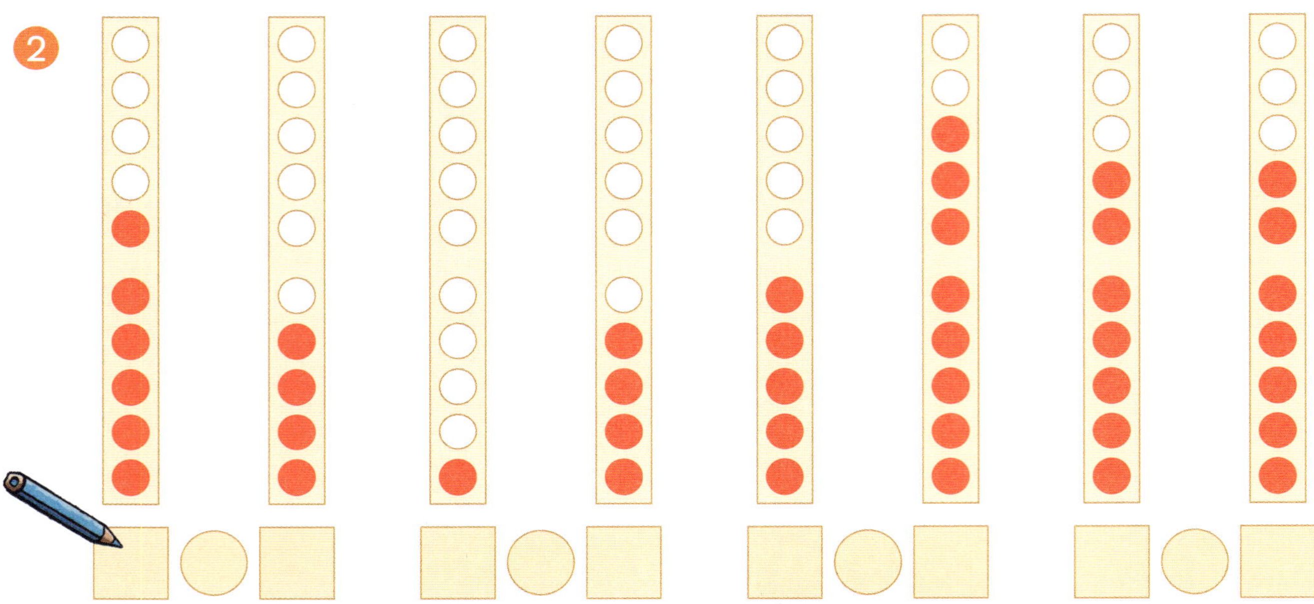

3

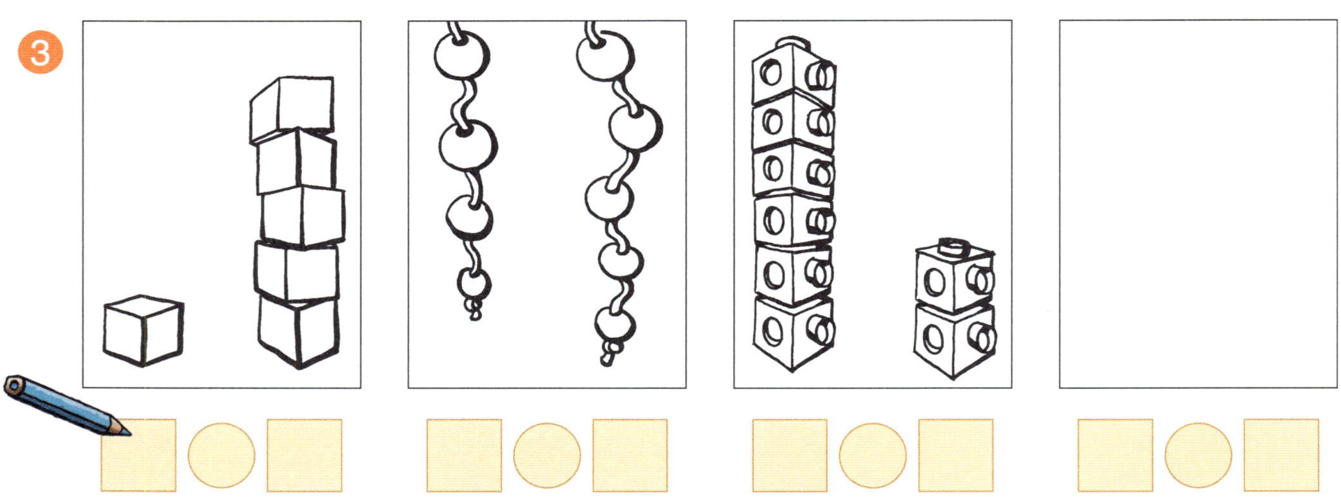

* übersetzen Informationen in die Sprache der Mathematik
* orientieren sich im Zahlenraum durch Ordnen und Vergleichen von Zahlen
* nutzen zur Darstellung passende mathematische Symbole

1

2

3

5 < 2 | 6 ○ 3 | 2 ○ 2
3 ○ 1 | 4 ○ 0 | 2 ○ 6

4

Passende Zahlen eintragen

1

2

2	<	4	4	<			>	3
7	>		2	<			<	2
1	<		3	=			<	8
3	>		6	>			>	1
6	>		9	>			>	4
0	<		3	<			=	6
2	<		5	<			>	2

3

	<			<			<	
	>			<			>	
	=			>			<	

* verwenden beim Ordnen und Vergleichen von Zahlen passende mathematische Symbole
* erklären Beziehungen und die Möglichkeit mehrerer Lösungen an Beispielen

1

Einen Kreis sehe ich bei …
Ein Rechteck sehe ich bei meinem Heft.

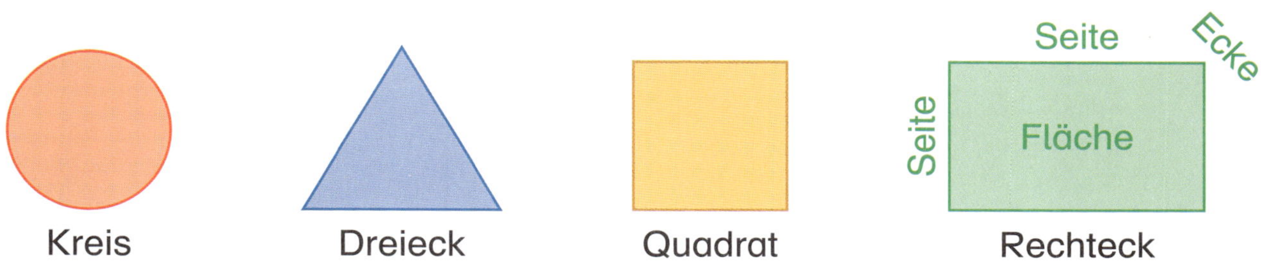
Kreis
Dreieck
Quadrat
Seite
Ecke
Seite
Fläche
Rechteck

2

1

Kreis	Dreieck	Quadrat	Rechteck
4	1	1	2

Kreis	Dreieck	Quadrat	Rechteck

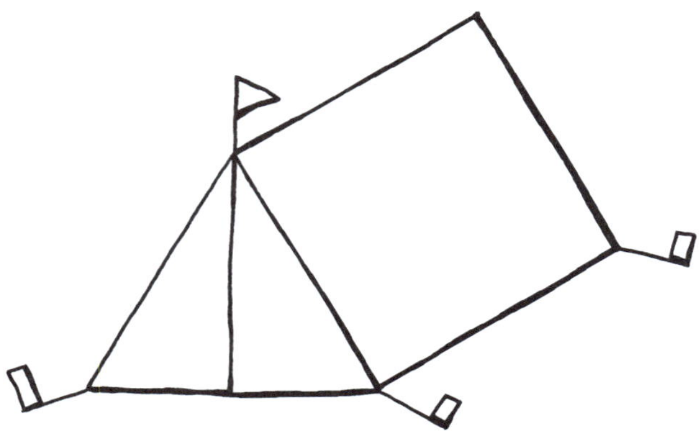

Kreis	Dreieck	Quadrat	Rechteck

Kreis	Dreieck	Quadrat	Rechteck

Kreis	Dreieck	Quadrat	Rechteck

* erkennen geometrische Flächenformen in komplexen Abbildungen

Flächenformen erkennen und Figuren auslegen

1

2

			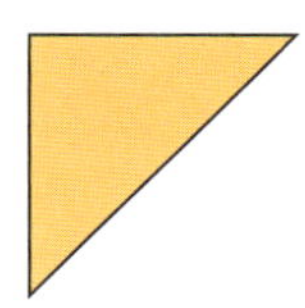
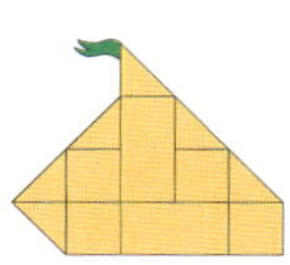	4	2	

* stellen ebene Figuren durch Nach- und Auslegen her
* halten ihre Arbeitsergebnisse in einer Tabelle fest

1

2

* entnehmen Darstellungen der Lebenswirklichkeit relevante Informationen
* beschreiben Lagebeziehungen von Personen, Tieren und Gegenständen auf bildlichen Darstellungen

rechts – links – oben – unten – in der Mitte

1

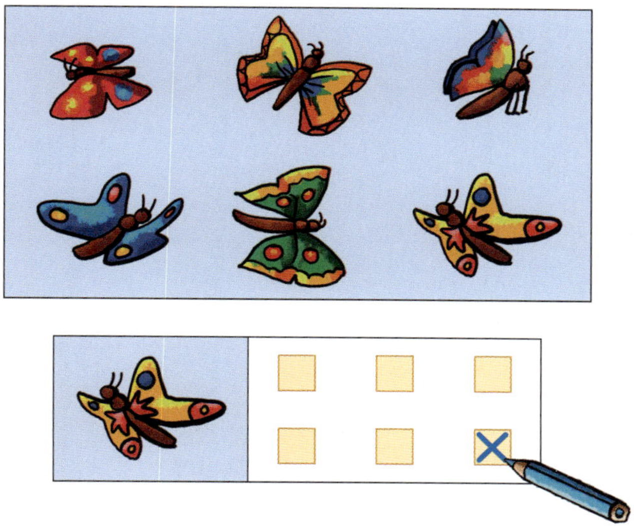

Wege einzeichnen: rechts – links – oben – unten

1

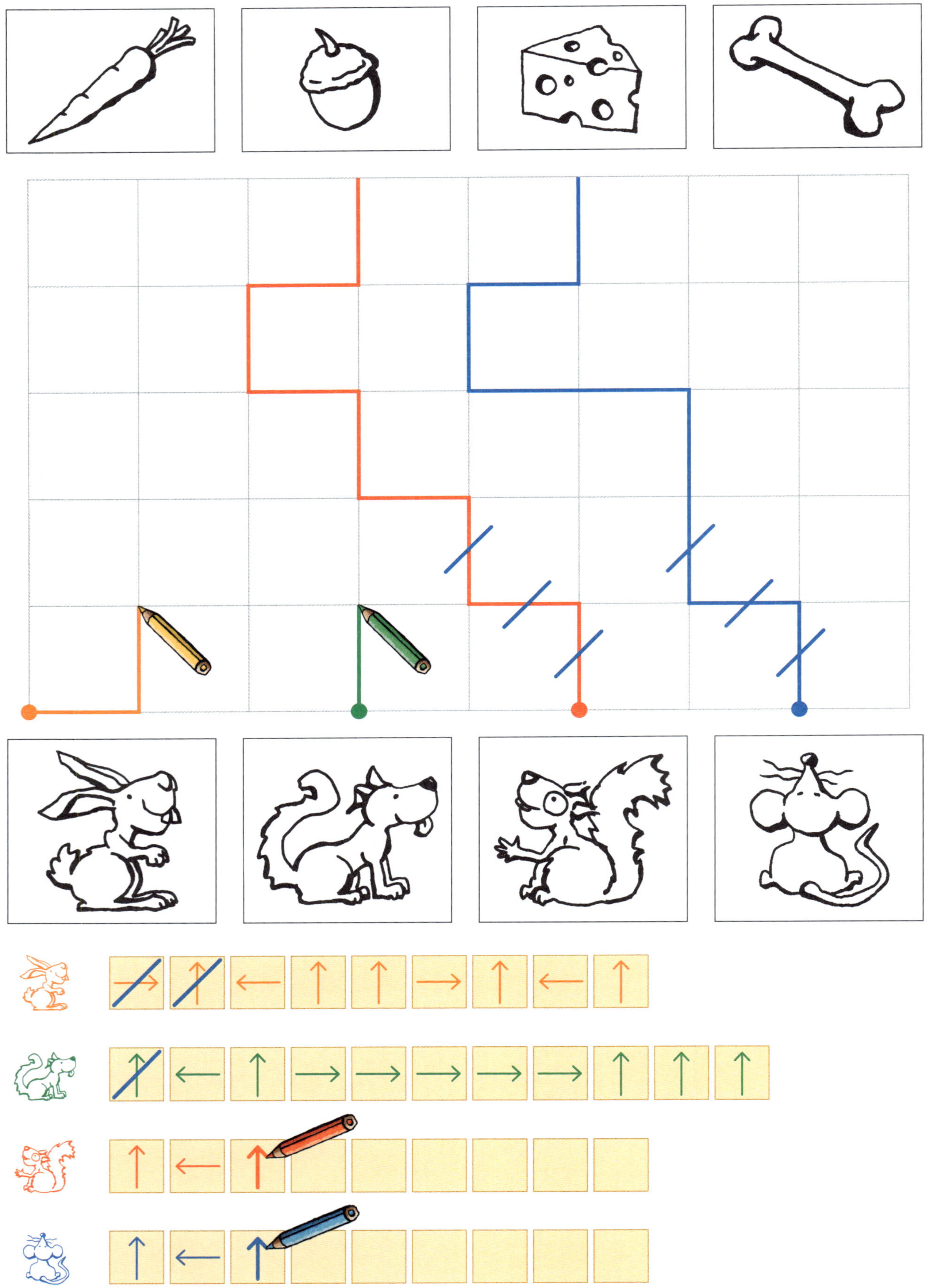

* übersetzen Informationen in die Sprache der Mathematik
* beschreiben Wege zwischen bildlich dargestellten Gegenständen und notieren diese